AF312038

RAPPORT

À

M. LE PRÉFET

du département de l'Allier,

SUR LA SITUATION AGRICOLE

DU CANTON D'ÉBREUIL.

PAR M. BOIROT (VICTOR),

JUGE DE PAIX, ANCIEN MEMBRE DU CONSEIL GÉNÉRAL
DE L'ALLIER.

CUSSET,

IMPRIMERIE DE Mme L. JOURDAIN.

1842.

RAPPORT

À

M. LE PRÉFET

du département de l'Allier,

SUR LA SITUATION AGRICOLE

du canton d'Ebreuil.

PAR M. BOIROT (VICTOR),

JUGE DE PAIX, ANCIEN MEMBRE DU CONSEIL
GÉNÉRAL DE L'ALLIER.

CUSSET,

IMPRIMERIE DE Mme L. JOURDAIN,

1842.

A Messieurs les Membres du Comice Agricole du canton d'Ébreuil.

MESSIEURS,

Si l'agriculture est en progrès dans ce canton, si plusieurs cultivateurs abandonnent les habitudes routinières de leurs pères et imitent les bons exemples qui leur sont donnés ; néanmoins, les agriculteurs éclairés désiraient vivement l'organisation d'une société, qui régularisât et encourageât ce développement agricole. Aussi ont-ils saisi, avec une spontanéité remarquable, l'occasion d'établir un Comice dans ce canton.

L'empressement avec lequel vous avez couvert de vos signatures la liste de souscription qui vous a été présentée, le concours bienveillant de l'autorité supérieure de ce département, la sollicitude de M. le Ministre pour cet établissement naissant, tout nous promet un avenir prospère.

Si à ces éléments de succès nous ajoutons l'intérêt que le Gouvernement semble porter à l'agriculture, puisqu'il consulte les conseils généraux, puisqu'il fait appel aux lumières du conseil général du commerce et de l'agriculture, nous pouvons espérer voir bientôt donner à l'agriculture, cette mère nourricière des états, une organisation en rapport avec son importance.

Le Gouvernement a aussi fait appel aux connaissances locales de citoyens pouvant l'édifier sur la statistique de la France. A ce titre, sur la demande de M. le Préfet de l'Allier, j'ai dû rédiger, sur la situation agricole du canton d'Ebreuil, un travail basé sur une série de questions qui m'étaient adressées. L'ordre qui m'était imposé a permis peu de liaison, peu de suite entre les différents objets qui y sont examinés. Quelqu'imparfaite que soit cette œuvre, je vous prie, Messieurs, d'en accepter l'hommage. Il ne sera, je me plais à le reconnaître, qu'un faible témoignage de ma gratitude pour la confiance dont vous m'avez honoré en m'appelant à présider à vos utiles travaux. Veuillez l'accueillir avec indulgence.

Agréez, Messieurs, l'assurance de la haute considération avec laquelle j'ai l'honneur d'être,

Votre très-dévoué serviteur.

BOIROT Victor.

SITUATION DE L'AGRICULTURE.

Le canton d'Ebreuil offre des nuances si diverses dans les différentes natures de terre qui le composent, qu'il est difficile de formuler sur sa situation agricole une opinion qui puisse s'appliquer à chaque localité, à chaque nature de propriété.

Quoique généralement elle soit en voie de progrès, l'agriculture y est encore très-arriérée.

PROGRÈS DIVERS.

Ces progrès sont dus particulièrement à la division de la propriété, à l'introduction de nouvelles méthodes de culture par quelques agriculteurs éclairés, aux succès obtenus par l'expérimentation de nouveaux instruments agricoles; enfin, à de meilleurs modes d'assolements. Néanmoins, ces progrès sont lents. Peu de propriétaires s'occupent spécialement d'agriculture. Autour des agglomérations d'habitants, les progrès sont plus sensibles, mais là aussi l'introduction des nouveaux instruments aratoires est presque impossible : le morcellement de la propriété s'y oppose. La bêche, ce premier des instruments agricoles, est aussi le plus, pour ne pas dire le seul employé. Sous le rapport de l'économie, il est loin d'atteindre le chiffre des résultats obtenus par l'emploi fait avec intelligence de la charrue. Mais cet instrument peut-il s'appliquer à la petite culture ?

Nul doute que le cultivateur ne comprenne beaucoup mieux ses intérêts, qu'il ne profite avec plus d'intelligence de l'introduction des nouvelles cultures. Ainsi, il a appris par l'expérience faite par ses voisins que dans de certaines conditions les prairies artificielles étaient un assolement précieux, qu'elles fournissaient un aliment délicat à ses bestiaux, fertilisaient sa terre et lui assuraient de plus abondantes récoltes en céréales. Il en use, et avec succès.

NATURES DE TERRES.

Par la variété de son sol, le canton d'Ebreuil offre de toutes les natures de terre & de tous les mélanges. Si on excepte les terres siliceuses qui y dominent et qui occupent en grande partie les communes montagneuses et boisées, les autres terres sont mélangées à l'infini. A côté d'une terre argileuse existe une terre calcaire, ou participant de ces deux natures de propriété ou mélangée avec la silice, et *vice versâ*.

Dans quelques communes telles que : Ebreuil, Vicq, Sussat, Veauce, Valligat, Naves, St-Bonnet-Tison et Bellenaves, les plateaux sont composés de couches de terre de plus ou moins forte dimension, soit argileuse, soit calcaire, soit argilo-calcaire ; là, sous la terre calcaire, est l'argile ; ici c'est l'argile qui est superposé sur la terre calcaire. Néanmoins, le sous-sol dominant

de ces plateaux est un tuf calcaire ou marneux. Les
terrains bas sont composés d'un mélange de toutes les
terres, dont la dominante est ici, l'argile, et là la
terre calcaire, et qui doivent leur existence alluviale
aux différents cataclysmes de la nature. Généralement
dans les autres communes le micachiste et l'argile
servent d'assise aux terres siliceuses, ou la silice sert
de sous-sol aux terres argilo-siliceuses.

DIVISION DE LA PROPRIÉTÉ.

Dans les communes populeuses de forte terre, la
propriété est plus morcelée. L'aisance des populations
de ces communes est en raison de la division de la
propriété.

AISANCE DE LA POPULATION.

Les populations des communes de montagne étant
beaucoup moins occupées par les travaux de l'agriculture, sont aussi plus industrieuses : elles savent utiliser
leur temps par des ouvrages qui augmentent leur bien-
être.

Quoique le sol de ces communes soit moins fertile
que celui de la forte terre, néanmoins, la classe populaire est plus dans l'aisance et compte beaucoup moins
de pauvres.

COMPOSITION DES DOMAINES.

Il est difficile de fixer le nombre d'individus attachés
à chaque domaine. Ceux de la terre forte, d'une exploitation plus suivie, exigent un plus grand nombre

de bras. Ces domaines, récoltant des produits de toute nature, des foins francs et artificiels, des céréales, des légumes, des pommes de terre, etc.', ayant presque tous une certaine étendue de terre plantée en vigne, attachée à leur domaine, ont besoin d'un plus grand nombre d'individus pour les exploiter. L'élève des bêtes à cornes, des porcs, des moutons, de la volaille, exige aussi un plus grand nombre de bergers. Dix personnes suffisent à peine à l'exploitation d'un domaine composé de quatre bœufs arants et de deux vaches à tout faire. Dans d'autres de même nature, huit personnes ne sont pas toujours occupées. Cela tient à la souplesse de la terre, à la quantité de façons qu'elle exige pour lui donner cette friabilité qui permet l'absorption des principes fertilisants répandus dans l'atmosphère, et à l'emploi des instruments dont on est obligé de faire usage.

L'emploi des chevaux est inusité pour le service de l'agriculture de ce canton.

CULTURE.

On y cultive du seigle & de l'avoine dans les terres siliceuses, du froment et de l'orge dans les autres terres.

PATURAGES.

Les bons résultats obtenus par l'introduction des prairies artificielles en ont favorisé les progrès.

Partout où elles peuvent prospérer, l'agriculteur intelligent provoque la cessation de ce repos si funeste à l'agriculture; mais il y a bien du chemin à faire pour arriver à la suppression totale des jachères.

Au lieu d'avoir de maigres pâturages qui suffisent à peine à la nourriture des bestiaux, pendant quelques semaines, si le cultivateur était moins préoccupé du soin d'obtenir toujours des céréales, il est certain qu'en introduisant sur les jachères des semences fourragères appropriées à chaque nature de terre, il obtiendrait de meilleurs pâturages.

MARCHÉS & FOIRES.

Les produits agricoles de ce canton s'écoulent par les marchés d'Ebreuil, de Gannat, de Saint-Pourçain, de Montmarault. Les bestiaux par les foires d'Ebreuil, Echassières, Bellenaves, Charroux, Chantelle, Montmarault, Gannat, Aigueperse, Combronde, Menat, Saint-Gervais, Montaigut, etc.

L'augmentation de la population, les nouveaux besoins inséparables de l'aisance de la classe populaire, rendent les foires et les marchés plus fréquentés qu'autrefois, et facilitent les transactions.

VINS.

Le canton d'Ebreuil produit du vin d'excellente qualité : surtout les communes de Bellenaves et d'Ebreuil. Les propriétaires vinicoles soignent aujourd'hui beaucoup mieux leurs vins qu'autrefois.

MERCURIALE DES DENRÉES.

Le prix des grains varie suivant l'abondance des récoltes; les mercuriales des marchés d'Ebreuil en fixent exactement le cours; les prix sont ordinairement un peu moins élevés que ceux des marchés de St-Pourçain.

SEMENCES.

Le mois d'octobre est l'époque de l'année où les froments sont confiés à la terre; les seigles le sont plutôt, vers la fin de septembre, l'orge dans le courant de février, l'avoine vers la fin de mars.

La quantité de semence varie suivant la qualité et la nature des terres. Elles reçoivent d'autant plus de semence qu'elles sont meilleures. Cependant, les terres abondantes en sucs nutritifs, toutes choses égales d'ailleurs, permettant à la semence de se développer, de drageonner, de taller, doivent être semées moins drues. Un hectare de terre reçoit de quinze à vingt décalitres de semence de seigle, et de vingt-cinq à trente décalitres de semence de froment. Le rendement varie aussi suivant la fertilité de la terre. Telle terre produit au grain trois, telle autre au grain huit.

PLANTES FARINEUSES.

Il se cultive des haricots, des fèves, des pois, peu de lentilles et beaucoup de pommes de terre. Ce tubercule, seule récolte farineuse sujette à l'influence des frimats, exige néanmoins peu de soins pour le préserver de la gelée. Le cultivateur, qui n'a pas de bâtiments pour la garantir du froid, fait un trou dans terre, qu'il tapisse avec de la paille & qu'il recouvre de paille et de terre par-dessus, après y avoir enfoui ses pommes de terre.

Dans quelques localités, il se fait des espèces d'excavations, de silos, recouverts en paille ou en chaume rez-terre, entourés d'une rigole pour empêcher l'eau d'y pénétrer, et où les pommes de terre passent les saisons rigoureuses.

PLANTES GRASSES.

Dans quelques communes de montagne et dans des fonds de choix, il se cultive, près des habitations, quelques semences oléagineuses, telles que la navette et le colza, mais en petite quantité. L'abondance des produits établit que, cultivées en grand, elles paieraient avec usure les soins du cultivateur. La graine demande une grande surveillance aux approches de la maturité : les oiseaux en sont très-friands.

CHANVRE & LIN.

Quelques cantons produisent du chanvre, point de lin : cette culture est très-négligée. Son produit suffit à peine au dixième des besoins de la population. Après l'avoir récolté après la maturité de la semence, le brin convenablement desséché est déposé dans des eaux courantes ou stagnantes, pour y subir l'opération du rouissage, chènevotté à la main, maillé, peigné, filé, est converti en toile qui se consomme dans le pays; quelquefois mélangé avec de la laine et du coton pour étoffe de ménage à l'usage de la classe populaire. La toile est confectionnée par les ouvriers du pays; le superflu est vendu aux foires de Clermont-Ferrand.

CHEVAUX.

Les chevaux de trait et de selle qui existent dans ce canton, sont entre les mains de propriétaires et d'industriels qui les occupent pour leurs besoins personnels en dehors du service agricole pour lequel ils ne sont pas employés.

Depuis qu'il n'existe plus de dépôt d'étalons à Gannat, il s'élève fort peu de chevaux dans les domaines.

Le voisinage de ces étalons avait favorisé l'amélioration de la race des chevaux : il n'y paraît plus rien aujourd'hui.

BÊTES A CORNES.

Fort peu de cultivateurs s'occupent de l'élève des bêtes à cornes. Cependant, ceux qui ne négligent pas cette branche si essentielle de l'agriculture, s'attachent à l'amélioration des races, soit par le choix des nourrices, soit par celui des étalons. Les nourrissons prennent, il est vrai, moins de développement que ceux qui nous arrivent de quelques départements voisins. Cela tient sans doute à l'infériorité dans la qualité et l'abondance de nos herbages, et surtout à la manière de les élever. Le séjour de l'étable nuit singulièrement à leur développement, les rapetisse, les amoindrit en quelque sorte. Il faut la liberté des champs et d'abondants pâturages pour obtenir de beaux produits : conditions qui n'existent pas dans ce canton. A l'âge de trois ou quatre ans, époque où ils sont vendus, les prix varient en raison de leur beauté : celui des gé-

nisses de quatre-vingts à cent cinquante francs, et celui
des taureaux de cent à deux cents francs.

Il s'élève trop peu de ces bestiaux pour être l'objet
d'une branche de commerce. Cependant, n'ayant pas
à souffrir de l'acclimatation, ils se portent mieux que
ceux qui nous viennent du dehors; ils sont plus vigou-
reux, moins délicats, d'un engrais plus facile, et
beaucoup moins sujets aux influences atmosphériques.

Les variétés de l'espèce bovine, les plus employées
au service de l'agriculture de ce canton, sont : pour les
grands bœufs, les Limousins et les Périgourdins, quelques Auvergnats. Après cinq ou six ans de service,
c'est-à-dire, à l'âge de dix ou douze ans, ils sont vendus aux engraisseurs du haut Bourbonnais ou autres
lieux, qui les dirigent sur Paris lorsqu'ils sont gras.
Les bœufs des qualités secondaires, Bourguignons Mor-
vandiaux, etc., et ceux qui s'élèvent dans la localité et
qui ne sont pas consommés dans le pays, sont particulièrement dirigés : gras sur Lyon, maigres sur le Cha-
rolais par les foires du voisinage, notamment par
celles d'Ebreuil, Bellenaves, Echassière, Charroux,
Chantelle, Gannat, Menat, Montaigut, Montmarault,
etc., etc.

PORCS & BÊTES A LAINE.

Les bêtes à laine ne sont pas d'une grande ressource
commerciale dans ce canton. Les porcs, au contraire,
y abondent. Ceux qui ne se consomment pas dans la
localité sont, en grande partie, écoulés gras par les

foires d'hiver de Montmarault, d'Ebreuil, des 15 décembre et 15 février, de Gannat du 22 décembre, et de Chantelle du 22 janvier, et se consomment en grande partie dans les environs de Gannat et de St.-Pourçain. Le surplus se dirige sur Moulins et Clermont-Ferrand. Les années où le gland et la faîne abondent, soit dans les bois des particuliers, soit dans les forêts de l'Etat, procurent une beaucoup plus grande quantité de cochons gras. Ordinairement ils sont engraissés à l'étable avec la pomme de terre mêlée avec la farine d'orge et les eaux ménagères. Maigres, ils sont dirigés sur différents points, notamment sur la Champagne, l'Auvergne et la Bourgogne.

Les bêtes à laine ne sont pas d'une belle espèce ; elles se consomment grasses dans le pays ou le voisinage. Le cultivateur élève plutôt ces animaux pour obtenir du fumier dont l'engrais est des plus substantiels, des plus fertilisants, que pour la laine. Pour augmenter la quantité de cet engrais, généralement les bergeries sont mal proprement tenues, dans l'humidité, avec une abondante litière qui n'est enlevée qu'au moment des semences d'automne, où les fumiers sont répandus sur la terre sortant de l'étable.

Le prix des laines est en moyenne de deux francs le kilogramme, graisseuses ; elles sont employées dans le pays pour la fabrication d'étoffes à l'usage du paysan.

MALADIES DES BESTIAUX.

Les bestiaux de ce canton ne sont sujets à aucune maladie endémique ; le climat leur convient. Ils sont

quelquefois atteints par les maladies épizootiques, mais
à de longs intervalles. Ainsi 1839 et 1840 ont vu le
piétin et la cocote suivre la grande majorité des bêtes
à cornes de ce canton. Peu ont succombé. Les bêtes à
laine éprouvent quelquefois la cachexie.

VOLAILLE.

La facilité avec laquelle s'écoulent sur l'Auvergne
les produits de la basse-cour, par les marchés d'E-
breuil, encourage les ménagères de ce canton à se li-
vrer à l'élève de la volaille. Les dindons, le coq et ses
congénères, les oies et les canards, sont les seules espèces qui font l'objet d'un commerce étendu.

ABEILLES.

Les abeilles sont répandues dans tout ce canton, non
comme objet de spéculation. Chacun veut en avoir. Il
n'est pas facile de réunir une grande quantité d'es-
saims. On ne peut en obtenir à prix d'argent : l'abeille
s'échange et ne se vend pas.

ÉTANGS.

Il existe peu d'étangs dans ce canton. Situés dans
des vallées étroites où l'eau est retenue par des travaux
de mains d'hommes, ils ne sont pas insalubres. La santé
des habitants du voisinage n'en est pas atteinte.

Leurs produits sont avantageux en ce qu'ils occupent des espaces qui ne pourraient être d'une grande
utilité en agriculture.

Les espèces de poissons les plus communes sont : la
carpe, la tanche et le brochet.

GIBIER.

Ce canton possédait autrefois beaucoup de gibier. La chasse, et surtout le braconnage, en ont considérablement réduit la quantité. Comme espèces carnassières, bêtes noires et fauves, les forêts nourrissent du loup, du renard, quelques sangliers et peu de chevreuils ; comme gibier, du lièvre et du lapin. La plaine nourrit aussi du lièvre, du lapin et de la perdrix. Les communes montagneuses ont des perdrix rouges, la petite et la bartavelle. Les perdrix grises de terre forte sont plus grosses et moins sauvages que celles de montagne. L'alouette, la grive proprement dite et la draine, habitent ce canton. Comme gibier de passage, la caille, la grive litorne, la mauviette, la bécasse, quelquefois des oiseaux de rivage, mais en petite quantité.

VIGNE.

A l'exception de quelques communes montagneuses, la vigne est généralement répandue dans le canton d'Ebreuil.

Une seule espèce de vigne est plus spécialement cultivée : le petit gamet. Cette espèce de raisin noir a l'avantage de convenir à toutes les expositions et à toutes les natures de terre : il est très-productif. Il craint cependant les gelées tardives du printemps. Lorsque cet accident arrive, il se développe un second bourgeon qui produit encore du raisin. Beaucoup d'autres espèces ou variétés de vigne se cultivent, mélangées au petit gamet, soit en raisin blanc, soit en raisin noir. A l'exception de celles dont le raisin s'emploie dans le ménage pour le service de la table, le surplus passe inaperçu dans la manipulation du vin.

En terre forte, la vigne se plante dans des rigoles de vingt à trente centimètres de profondeur. Les brins coudés à la racine sont recouverts de terre et espacés de quarante à cinquante centimètres, puis taillés à deux ou trois bourgeons. Ces opérations ont lieu ordinairement au printemps. Les années suivantes, lorsqu'elle peut produire, elle est taillée à deux ou trois yeux au plus en onglets & plusieurs sarments sur le même cep, suivant la nature de la terre et l'âge de la vigne. Dans quelques localités, le vigneron découvre la racine du cep après l'hiver, avant de travailler la terre, vers la fin de février, selon la température. Le vigneron laborieux dépose alors au pied du cep, sur les racines, des engrais ou des amendements. Plusieurs cultures sont données successivement; puis, avant la floraison, elles sont ébourgeonnées et échalassées. La vigne, après avoir été attachée aux échalas, reste en cet état jusqu'aux approches de la maturité du raisin où celle qui pousse trop vigoureusement est, si besoin est, épointée et relevée pour exposer le fruit à l'influence des rayons lumineux.

Dans la montagne, au lieu de coucher le cep dans la rase, la vigne est plantée avec une pointe en fer, vulgairement connue sous le nom de rillon, ou avec un pic.

Presque partout il est d'usage d'ouvrir des fosses ou rases plus ou moins régulièrement tracées, plus ou moins rapprochées, qui sont récurées une fois l'an et la terre qui en provient jetée sur les ceps.

Il est difficile d'assigner l'époque de la maturité du raisin. Cette époque varie suivant le degré de température. Les vendanges ont lieu ordinairement du 15 septembre au 15 octobre, quelquefois après, rarement avant. La qualité du vin est presque toujours en raison de l'époque de la maturité du raisin.

Le vin reste dans la cuve de vingt à quarante jours, suivant les localités, l'usage des lieux et la grandeur des vaisseaux vinaires. On a remarqué que si le vin n'acquiert pas de qualité sous la grappe, néanmoins, il se conserve plus long-temps potable lorsqu'il est décuvé tardivement.

Il n'est pas facile de déterminer le produit net d'un hectare de terre planté en vigne. Trop de circonstances concourent à modifier la quantité et la qualité du produit. Un hectare en forte terre rend davantage que pareille étendue en varenne, toutes choses égales d'ailleurs. Les bons soins, les cultures réitérées en temps opportun, les engrais ou les amendements convenablement employés dans des vignes bien exposées et jeunes, paient avec usure les dépenses du vigneron. C'est surtout à ce produit que s'applique avec avantage cet axiome agricole : Tant vaut l'homme, tant vaut la terre.

L'hectare planté en terre forte doit produire en moyenne onze hectolitres de vin, en varenne neuf.

Pour pouvoir fixer le chiffre du produit des vins exportés dans ce canton, il faudrait aussi connaître la quantité d'hectolitres récoltés. Il serait possible de l'évaluer par approximation, en supputant la quantité d'hectares plantés en vigne. Cette énumération exigerait beaucoup de temps.

A l'exception des communes de Bellenaves, Vicq, Ebreuil et Chouvigny, qui exportent une grande partie de leurs vins, le surplus se consomme dans le canton. Ces vins s'écoulent sur la Creuse, sur les cantons de Menat, Saint-Gervais, Pionsat, Montaigut (Puy-de-Dôme), et sur l'arrondissement de Montluçon. Il ne doit guère moins s'en exporter de 3,000 hectolitres.

Un vigneron peut travailler par jour de quatre à six ares de vigne, suivant le terrain, c'est-à-dire suivant la souplesse et la nature de la terre. L'usage n'étant pas de faire travailler la vigne au panier, à prix fait, il n'est pas facile de fixer le prix de culture, d'ailleurs si variable. Il est plus considérable pour le propriétaire qui fait travailler par ouvriers, l'usage étant de les nourrir, et le vigneron étant mieux nourri que les autres ouvriers de la ferme. En général, la culture de la vigne n'étant pas la seule occupation du vigneron dans ce canton, et n'étant en quelque sorte qu'une culture secondaire, il est plus difficile de fixer le chiffre des frais de culture qu'elle occasione.

BOIS.

Plus de la moitié des communes de ce canton possède des bois.

L'essence chêne est la plus répandue. Viennent ensuite le hêtre, le charme, le bouleau, etc.

Les taillis sont consommés dans le canton, ou sont écoulés sur les communes limitrophes : Charroux, St.-Bonnet de Rochefort, Gannat, etc.

Les futaies de chêne sont employées en bois de charpente, de sciage, pour planchers, menuiserie, dans le pays et hors du canton. Le hêtre est en partie façonné sur place par les sabotiers, colletiers, tourneurs, industries qui occupent annuellement plusieurs centaines d'ouvriers. Le surplus, qui ne se consomme pas en bois de chauffage, est employé pour les instruments aratoires du pays.

Les taillis essence chêne sont écorcés et fournissent aux tanneurs du pays et à ceux d'autres localités, notamment de Maringues (Puy-de-Dôme), le tan si nécessaire à la préparation des cuirs. C'est une branche de commerce qui n'est pas négligée.

EXPLOITATION.

Généralement les propriétés réunies en corps de biens de dix à cinquante hectares de terre et plus, sont cultivées par colonnage à moitié fruits; d'autres, dans de pareilles conditions, sont affermées à des fermiers cultivant par eux-mêmes. L'usage autrefois si répandu

des fermiers interposés entre le propriétaire et le cultivateur se perd. Cependant, il en existe encore.

SALAIRE.

Le salaire des gens de travail, à l'exception de l'époque
de la moisson où le prix de la journée est plus élevé, est
de 1 fr. pour les hommes, 50 centimes pour les femmes.
Ces prix modérés éprouvent une diminution de dix à
vingt centimes en hiver. Lorsqu'ils sont nourris, ce qui
est le plus en usage, le prix est réduit à moitié. Leur
nourriture, dont la base est le pain de farine de seigle
pur dans les communes de montagne, d'orge pure ou
mêlée au froment dans la terre forte, se compose de
légumes, de pommes de terre et de petit vin. Ce n'est
que par exception qu'ils sont nourris au gras & au vin.

VALEUR & PRODUITS.

Le prix des terres varie considérablement suivant
leur qualité et leur position. Autour des populations
agglomérées, le chiffre en est beaucoup plus élevé.
Dans telle localité un hectare de terre se vend 5,000 f.,
dans telle autre moins de 300 f. Comparés à leur valeur vénale, leurs produits varient également. Néanmoins, le revenu est bien supérieur en terre légère; la
terre forte produit de deux à deux et demi pour cent, la
varenne rend au moins trois et demi. Cette différence
tient au manque de bras, à l'éloignement des débou-
chés et surtout à la difficulté d'exporter ses produits,
causée par le mauvais état des voies vicinales.

Si l'on compare les produits de chaque nature de

terre nets de tous frais, sans contredit le bois doit avoir la priorité ; assise sur des terres de classes inférieures, moins chargée d'impôts, avec peu de frais de garde, sans frais de semence et de culture, c'est celle qui donne le produit le plus liquide. Mais cette nature de propriété ne peut convenir qu'aux riches propriétaires qui peuvent attendre ou les aménager de manière à se faire des revenus périodiques.

S'il s'agit de l'hectare de terre qui produit le plus de revenu, la vigne fixera l'attention du plus grand nombre. Cependant, lorsque l'on considère les frais qu'occasione chaque nature de produit, le matériel dont chaque vigneron est obligé de se précautionner, les soins qu'exige le vin pour le conserver, l'usure, la difficulté de s'en défaire, la grande quantité de vignes qui se plante annuellement et qui doit de nécessité faire opérer une baisse dans les prix ; qu'une terre plantée en vigne, malgré les meilleurs soins, doit cesser de produire, que chaque nature de produit ne peut toujours prospérer ni durer qu'un temps, que la terre exige sinon un repos sans produit, du moins de changer souvent l'ordre de ses assolements ; que le prix des denrées de toute nature varie annuellement, soit en raison de leur abondance, soit par d'autres circonstances imprévues ; il est difficile, même en supputant un grand nombre d'années, de fixer en moyenne un chiffre incontestable. Néanmoins, sans préciser la valeur des produits, après la prairie qui occupe si peu d'espace dans ce canton, je place en première ligne le bois, puis les céréales, la vigne, et enfin les farineux.

BATISSE.

C'est surtout en bâtisse que les progrès sont sensibles. Autrefois, une maison bâtie en mauvais moëlon amassé sur la superficie du sol, lié avec du mortier de terre, ayant une ou deux ouvertures sans carreaux de vitres aux croisées et couverte en chaume ou genêt, formait le logement du journalier, du petit propriétaire et même des colons de ce canton. Aujourd'hui tout le monde construit avec solidité, quelquefois avec élégance. Celui qui ne peut bâtir toute sa maison au mortier de chaux, bâtit au moins les parties les plus essentielles, les fondations, les encoignures, des chaines dans le corps de la construction, des portes et fenêtres en pierres plus ou moins bien taillées; met des carreaux de verre, des planchers au grenier, et recouvre en tuiles son habitation.

Le prix des matériaux varie aussi beaucoup; moins cependant, en raison de l'extraction qu'à cause de la difficulté de les faire arriver à pied d'œuvre. La pierre de taille dans les carriéres vaut de 5 à 4 f. le mètre courant, le moëlon de 50 à 75 centimes le mètre cube; la chaux 12 f. le mètre cube, prise au four; la brique et la tuile de 8 à 12 f. le millier, suivant les localités. Ces prix modérés éprouvent une hausse considérable par le transport, et le motif est toujours le mauvais état des voies vicinales.

FRUITS.

Si les fruits n'offrent pas une branche importante de commerce, néanmoins chaque agriculteur, chaque ménage veut en avoir dans son jardin, et plante des vergers en raison de sa fortune et de sa position sociale. Il se précautionne des meilleures espèces de pêches, de pommes, de poires. L'horticulture et l'arboriculture sont en progrès. Les pommes de Rainette et leurs variétés, celles de Calville, d'Apis, etc., sont les plus répandues. Les poires de toutes les saisons ne sont pas négligées. On peut citer parmi celles d'été l'Amiré Johannet, le Citron des carmes, les Cuisses-dames, les Bergamottes, Bon chrétien, Deux têtes, Fleurs de guignes, etc. Parmi celles d'automne, les espèces de Beurrés, Doyenné, Blanquet, Vertelongue, Rousselet, Messire Jean, etc.; parmi celles d'hiver, les Louise bonne, Crassane, St-Germain, Echassery, Bergamottes, Bon chrétien, Colmar, Chaumontel, etc.

Quelques arboristes ont d'assez belles collections de tous ces fruits.

OBSERVATIONS GÉNÉRALES.

J'ai dit ci-devant que l'agriculture devait ses premiers progrès à la division de la propriété, conséquence de l'émancipation populaire, fruit des lois de la révolution, notamment de celle du 10 juin 1793, qui permit le partage des biens communaux. Le paysan, détaché de la glèbe, devenu propriétaire, travaillant pour son compte, démontra ce que la terre peut produire, exploitée par des mains libres et actives. L'amour de la propriété rend industriel. L'immense produit comparatif retiré de la petite culture suggéra aux riches propriétaires l'idée de diviser leurs propriétés, de se rapprocher du petit cultivateur. L'augmentation de la population par le bienfait de la paix, la solvabilité de la classe agricole, encouragea le riche à affermer directement aux paysans. De cette époque commença réellement le progrès agricole. Sous le rapport économique des résultats, le progrès se manifesta d'abord par des cultures récidivées mieux appropriées à la nature du sol, par des semis de plantes fourragères. Il a fallu l'introduction de meilleurs modes d'assolement, la permanence de prairies artificielles pendant une période d'années, l'essai suivi de réussite d'instruments aratoires nouveaux et perfectionnés, notamment la charrue, pour stimuler le zèle des agriculteurs, pour donner plus de développements aux progrès. Il est fâcheux que ces instruments, si féconds en bons résultats lorsqu'ils sont dirigés avec intelligence, lorsqu'ils ne vont que graduellement demander la fertilité à des terres qui n'ont jamais vu le soleil, ne puissent s'employer que dans de grandes exploitations. Et encore faut-il que l'agriculteur en soit propriétaire, ou que le fermier ait un bail de long cours qui lui laisse la liberté de changer l'ordre des assolements, car il est impossible d'obtenir

une longue série de bons produits avec le mode d'assolement triennal, seul en usage dans ce canton. Il est
difficile de nettoyer les terres des herbes parasites sans
récoltes sarclées; il n'est pas facile d'avoir de beaux
cheptels, d'élever des bestiaux sans plantes fourragères,
sans prairies artificielles.

Concilier toutes ces exigences et en même temps
obtenir d'abondantes récoltes en céréales, but dont se
préoccupe le cultivateur, est le grand problème agricole à résoudre. A mon avis, ce problème est résolu
par l'expérience, par les résultats déjà obtenus : il ne
s'agit plus que d'en faire l'application en grand, que
de lui donner plus d'extension, plus de développement.
Si déjà le cultivateur, qui a réduit ses semis de céréales, augmenté ses semis en plantes fourragères,
tient mieux ses bestiaux, augmente la quantité de ses
fumiers, ce premier besoin du cultivateur, car, point
d'abondantes récoltes sans engrais; si, dis-je, ce cultivateur a obtenu de meilleures récoltes en paille et en
blé que son voisin; si l'abondance de ses fourrages lui
permet de mieux soigner son cheptel, de l'augmenter,
de s'affranchir du tribut qu'il paie aux commerçants à
chaque renouvellement d'animaux de travail, ainsi
que cela a encore lieu dans la plupart des domaines;
si les soins qu'il peut leur donner lui font opérer ce
renouvellement à bénéfice, que n'obtiendra-t-on pas
par un mode d'assolement plus approprié à chaque
nature de terre, avec l'emploi des nouveaux instruments aratoires dirigés par le cultivateur intelligent?

Pour obtenir ces riches résultats, les amener à maturité, il faut d'abord améliorer la condition du fermier, lui tenir compte des innovations heureuses qu'il fait subir à votre propriété. Au lieu d'augmenter le fermage à chaque renouvellement de bail, lorsqu'il fait produire davantage, lui faire une part plus large dans les bénéfices, qui l'indemnise des avances de frais de toute nature que lui occasionent ses essais; il faut enfin encourager l'agriculture, récompenser les essais heureux. Au département surtout, au gouvernement appartient l'initiative de cette mesure. Etablir des Comices agricoles, favoriser, par tous les moyens, les progrès de toute nature, non en couronnant annuellement un seul cultivateur par canton, mode étroit et parcimonieux, mais en multipliant les primes dans des réunions périodiques & solennelles, en délivrant des récompenses aux auteurs de chaque nature d'améliorations.

Je voudrais aussi que le cultivateur fut amené à se rendre compte de ses opérations; que par une comptabilité exacte il put établir la balance de ses produits. Vivant au jour le jour, le plus grand nombre ne connaît sa position que lorsque tout est vendu et qu'il a satisfait à ses besoins. Pour atteindre ce but, pour obtenir ce résultat, instruisez la classe populaire si arriérée dans ce canton; défaites-vous de ces répugnances d'un autre siècle; donnez à l'homme qui se sacrifie à l'instruction populaire un traitement convenable; placez-le au-dessus de la position que lui fait la société, vous lui donnerez les moyens d'acquérir de la considération.

Telles sont, monsieur le Préfet, les observations que près de quarante années d'expérience pratique m'ont conduit à faire sur l'agriculture de ce canton et sur les moyens généraux à employer pour en encourager les progrès.

Veuillez agréer, monsieur le Préfet, l'expression des sentiments de respect et de haute considération

de votre très-dévoué serviteur.

BOIROT Victor.

Aux Serviers, le 8 Février 1842.

www.ingramcontent.com/pod-product-compliance
Ingram Content Group UK Ltd.
Pitfield, Milton Keynes, MK11 3LW, UK
UKHW022328170726
13837UKWH00005BA/2172